JN243120

パソコンがなくてもわかる

はじめての
プログラミング

① プログラミングって何だろう？

監修／坂村 健（東京大学大学院情報学環教授・工学博士）

著／松林弘治　編／角川アスキー総合研究所

汐文社

はじめに

「プログラム」って聞いたことあるかな？ プログラムっていうのは私達の身の回りにあふれるコンピューターを思い通りに動かすための命令、いわば「魔法の言葉」なんだ。

コンピューターはとっても速く仕事をするのが得意だけど、まだ自分で考えたり工夫したりはできない。そこで、われわれ人間の出番。知恵を絞ってプログラムを作れば、コンピューターはその通りに働いてくれる。プログラム次第で何だって実現できる。ゲームだって作れるし、世の中を便利にするものだって作れるんだよ。

この『パソコンがなくてもわかる はじめてのプログラミング』シリーズでは、楽しく遊びながらプログラムについて学んでいくよ。1巻の「プログラミングって何だろう？」では、簡単な命令を組み合わせて、ロボットやミニカーなどの目印を動かす方法をみていくよ。どんな複雑な動きだって、簡単な命令をこつこつ並べていけば実現できるんだ。キーワードは「順番通り」と「繰り返し」。さぁ、ワクワクだらけのプログラミングの世界に飛び込もう！

ヒママ　　　ゆかこちゃん　　　キママ

イラスト／よしのゆかこ

目次

パソコンがなくてもわかる
はじめてのプログラミング
① プログラミングって何だろう？

監修／坂村 健（東京大学大学院情報学環教授・工学博士）
著／松林弘治　編／角川アスキー総合研究所

本書の使い方・命令カード

この本は、コンピューターを使わないで、本の上で遊びながら、コンピューターの動きや考え方に触れる本。

ここにある「命令カード」を並べて、組み合わせていくことにより、「やってみよう！」というマス目の上に置いたロボットを「プログラム」で動かしていくよ。

本を切り取ることはできないから、このページをコピーして、それをはさみで切り取って使おう。

厚紙を用意して、同じようなカードを手作りするのも楽しいね。

この本で使う 命令カード

前に1マス進む	前に1マス進む	前に1マス進む	前に1マス進む	前に1マス進む	前に1マス進む	前に1マス進む	前に1マス進む
前に1マス進む	前に1マス進む	前に1マス進む	前に1マス進む	前に1マス進む	前に1マス進む	前に1マス進む	前に1マス進む
前に1マス進む	前に1マス進む	前に1マス進む	前に1マス進む	前に1マス進む	前に1マス進む	前に1マス進む	前に1マス進む
前に1マス進む	前に1マス進む	前に1マス進む	前に1マス進む	前に1マス進む	前に1マス進む	前に1マス進む	前に1マス進む
前に1マス進む	前に1マス進む	前に1マス進む	前に1マス進む	前に1マス進む	前に1マス進む	前に1マス進む	前に1マス進む
前に1マス進む	前に1マス進む	前に1マス進む	前に1マス進む	前に1マス進む	前に1マス進む	前に1マス進む	前に1マス進む
前に1マス進む	前に1マス進む	前に1マス進む	前に1マス進む	前に1マス進む	前に1マス進む	前に1マス進む	前に1マス進む
前に1マス進む	前に1マス進む	前に1マス進む	前に1マス進む	前に1マス進む	前に1マス進む	前に1マス進む	前に1マス進む

この本では、ここに並んだ
「命令カード」をコピーして
切り取り、机やテーブル、
床などの上に並べて使うよ

左に回す	左に回す	左に回す	左に回す	左に回す	左に回す	左に回す	左に回す	左に回す
左に回す	左に回す	左に回す	左に回す	左に回す	左に回す	左に回す	左に回す	左に回す
右に回す	右に回す	右に回す	右に回す	右に回す	右に回す	右に回す	右に回す	右に回す
右に回す	右に回す	右に回す	右に回す	右に回す	右に回す	右に回す	右に回す	右に回す

繰り返す		2 回	3 回	4 回	5 回	6 回	繰り返し終了
繰り返す		2 回	3 回	4 回	5 回	6 回	繰り返し終了
繰り返す		2 回	3 回	4 回	5 回	6 回	繰り返し終了
繰り返す		2 回	3 回	4 回	5 回	6 回	繰り返し終了

① プログラミングって何だろう？

みんなの身の回りには、**"コンピューターがたくさんある"** って知ってるよね。意識しないと見過ごしてしまうかもしれないけれど。
みんなが予想する以上に、コンピューターで動くものは身の回りにあふれているんだ。例えば、パソコンやタブレット、スマホ、ゲーム機なんかは、いかにもコンピューターそのものだよね。

テレビ、電子レンジ、炊飯器、お風呂の自動給湯器なんかもコンピューターで動いているんだよ。びっくりだね。

まだあるよ。

自動販売機。スーパーやコンビニのレジ。駅の自動改札。信号機。暗くなったことを検知して、自動で点灯する街灯……エレベーター、CDプレーヤー、電子ピアノ、電車やバスの案内表示。

まだまだあるよ。

おうちにロボット掃除機はある？ お店や病院で「Pepper」というロボットを見たことがある人もいるよね。そうそう、自動車にだって、コンピューターが搭載されているんだ。

そんな身の回りにあふれるコンピューター。**どういう仕組みで動いているか**、考えてみたことはあるかな？

こうやって使おう！

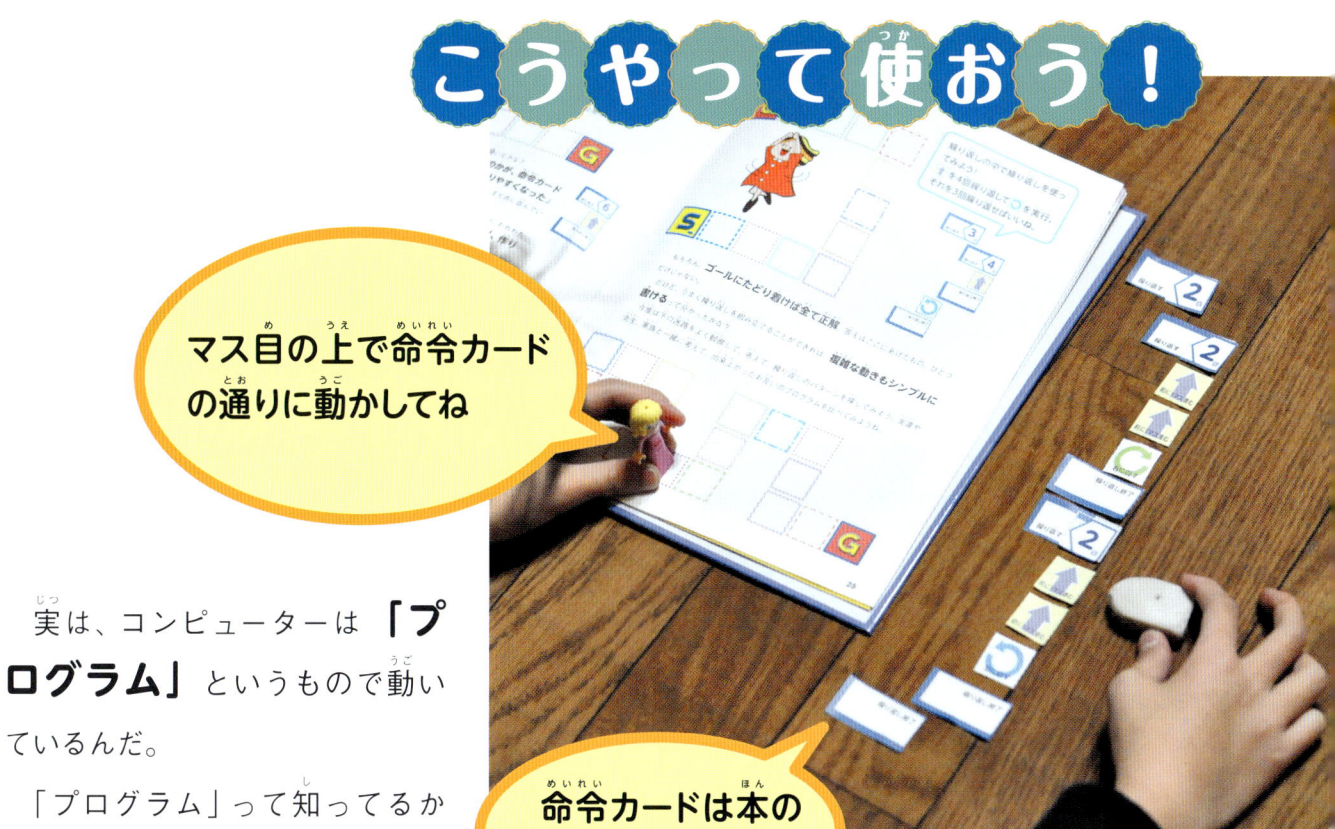

> マス目の上で命令カードの通りに動かしてね

> 命令カードは本の横に並べよう

実は、コンピューターは「**プログラム**」というもので動いているんだ。

「プログラム」って知ってるかな？ 発表会のプログラム、テレビ番組のプログラムとか、聞いたことがあるよね。つまり**「手順をきっちり書き下したもの」**が「プログラム」で、コンピューターのプログラムも同じなんだよ。

コンピューターは、人間の命令した通りにしか動いてくれない。だから「こうやって動いて欲しいな」って思うことを、プログラムとして書いて命令すると、その通りに動いてくれる。そして、その**プログラムを書くことを「プログラミング」**って言うんだ。

最新のロボットだって、実は全部、作った人が書いた、たくさんのプログラム通りに動いているだけなんだ。まるでリモコン操作のおもちゃみたい。そんな風に思うかもしれない。

そう、**"プログラムを作って、コンピューターを思い通りに動かす"** ってのは、**とても楽しい遊び**なんだ！ この本では、そんなプログラミングについて、順番にみていくよ。

② まっすぐ動かしてみよう

千里の道も一歩から。**まずは"直進"**。4〜5ページにある命令カードを使って、**ロボットをまっすぐ動かすプログラム**を作ってみよう。

下のマス目の「S」というのがスタートの位置、「G」がゴールの位置だよ。

「なーんだ、こんなの簡単」って思ったかな？ だけど、注意しないと、ちゃんとゴールで止まらないプログラムになってしまうかもしれないよ！

ちょうどいいロボットがなければ、小さなお気に入りのものを用意しよう。マス目の大きさに入るものだったら完璧だけど、少しくらい大きくても大丈夫。ミニカーとか、レゴのフィギュア、積み木なんかが、ちょうどいいかもしれないね。ペットボトルのふたにデコレーションしても雰囲気が出るかもね。

用意ができたら、「S」のマス目に置いてみよう。

やってみよう！

ここで使う**命令カードは、「前に1マス進む」だけ**だよ。何枚使っても大丈夫。手順に従って、命令カードを机やテーブル、床などの上に、縦に並べてみよう。

きちんとゴールに到着できるように、**カードの数には気をつけて！** うまくカードを並べてプログラムを組み立てよう。

カードを縦に並べ終わったら、そのカードの通りにロボットを動かすんだ。

おっと、その前に、いちばん最初のカードの横に、消しゴムか何かを置くのを忘れないように。これは**「今、どの命令を実行しているのか？」を示す目印**だよ。今の命令に従って、ロボットを移動したら、その目印もひとつ進めよう。そしてまた、命令通りにロボットを動かす。その**繰り返しでプログラムの実行**だ。

うまくいったかな？ カードの枚数は合っていた？

前進するマス目の数には、くれぐれも気をつけよう！

> **4〜5ページにある命令カードを
> コピーし、切り取ってから使おう**

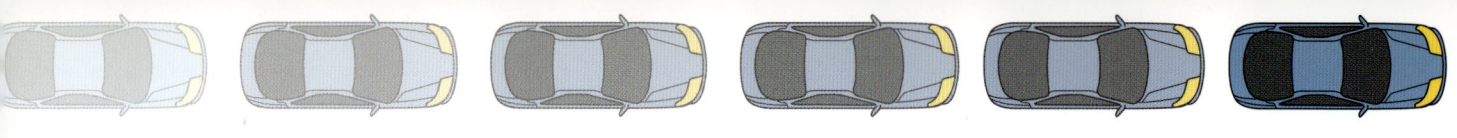

うまくできたかな？

意外と簡単だったと思うけど、とても大事だからしっかり覚えておこう。**コンピューターは、命令をひとつひとつ、順番に実行**するんだ。びっくりするほどまじめに、言われた通りに、命令をこなすだけ。ゴールに届いていなくても、マス目からはみだしていても、そんなの関係ない。**命令に従ってそのまま動くだけ。**

ロボットを動かすって結構大変なんだ。気をつけないとロボットが机の上から落ちてしまうかもしれないよ。プログラムって、やっぱり人間が作っているんだね。

例えば…

ひとつ目の命令

ミニカーで説明していくよ

前に1マス進む

2つ目の命令

前に1マス進む

もうひとつ注意することは、**ロボットが"どっちを向いてるか"**だよ。

ゲーム機を思い出してみよう。上下左右（十字）のコントローラーでキャラクターを操作するときは、"操作している自分"の目線で考えているよね。ロボットを上から眺める感じ。

でも今回は、**ロボットの気持ち**にならないといけないんだ。「前に1マス進む」だけだから、**「ロボットが今どっちを向いてるか」**を考えて動かそう。ロボットの中から世界を見る感じ。

見方が変わると、命令も変わるってことなんだよ。

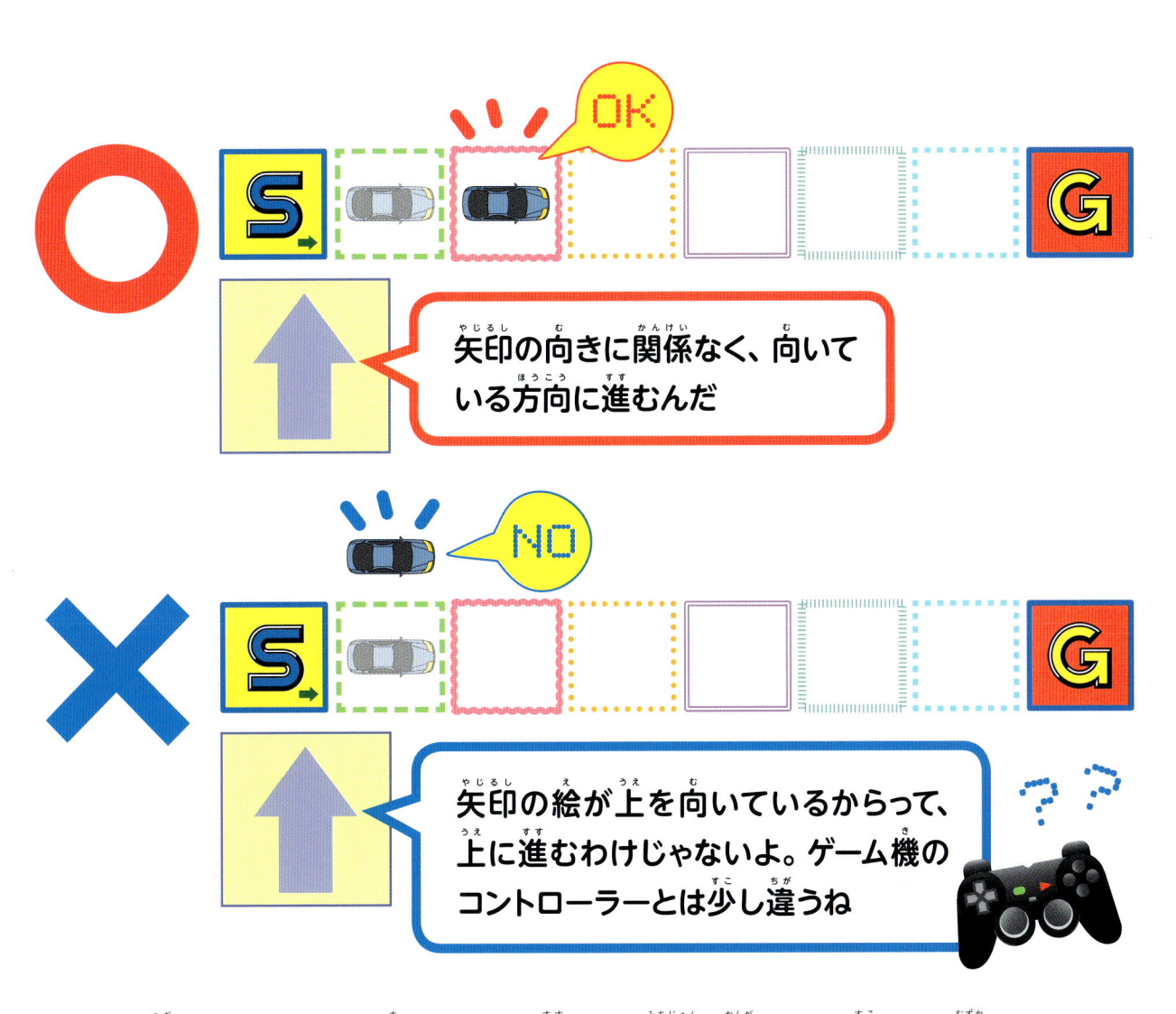

矢印の向きに関係なく、向いている方向に進むんだ

矢印の絵が上を向いているからって、上に進むわけじゃないよ。ゲーム機のコントローラーとは少し違うね

さぁ、次のページからは、曲がりながら進んだり道順を考えたり、少しずつ難しくなるよ。ロボットの目線で考えてね。

③ 曲がってみよう

今度は曲がり道の登場だ。うまくゴールに進めることができるかな？

新しく登場する命令カードは、**「左に回す」「右に回す」** の2つ。これは、ロボットに見立てたお気に入りのグッズの**向きを変える命令**だ。

向きを変えながら進めると、ラジコンカーのように、左に右に、好きなところにロボットを動かせるというわけ。

やり方はさっきと同じ。 マス目からはみださないように気をつけて、命令カードを縦に並べていこう。目印の消しゴムをいちばん上のカードの横に置き、お気に入りのグッズを「S」の位置に "右向きに" 置いてスタートだ！

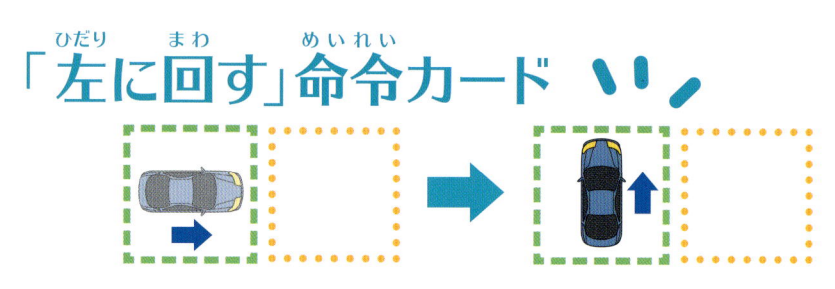
「左に回す」命令カード

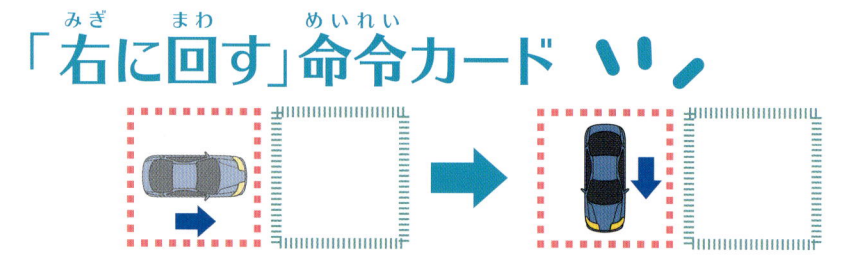
「右に回す」命令カード

やってみよう！

命令カードの通りに、さっそくロボットを動かしてみよう。マス目の道をはみださずにうまくゴールの「G」に着いたかな？失敗しても心配はいらない。大丈夫！

プログラミングのいいところは、**完成するまでの間、どんなに間違えても何度でもやり直しができる**ところなんだ。はみださないように、ちゃんと曲がるように、もう一度よく考えて、命令カードを並び替えてみよう。

うまくいったかな？

これで、ロボットを前にも左にも右にも進められるようになったね。マス目がたくさんあっても、縦横に広がっていても、**どこにでもロボットを動かせる**ようになった。これはすごいことだね。

ん？これってあの遊びに似てないかな？

🔄 だけでは次のマスに進めないよ。🔄 と ⬆ を続けて並べないとね！

自分がスイカ割りロボットに なってみよう

　夏休みといえば、海水浴。海水浴といえば、スイカ割り。一度はやったことあるかな？

　目隠しをした人が棒を両手で持って、周りの人たちのアドバイスだけを頼りにスイカを割る遊びだよね。

　「もっと右向いて！」「そこから3歩進んで！」「ちょっとだけ左を向いて！」「そこでまっすぐ棒を下ろして！」

　周りの人が一生懸命指示を出して、うまくスイカが割れたらそのチームは成功！

　つまり、スイカを割る人と指示を出す人たちとの共同作業ってことなんだ。

　さっきのマス目に似ていると思わないかな？

　ロボットは、命令された通りにしか動かない。スイカ割りも周りの人たちの指示だけが頼り。言われた通りにうまく動けるかが勝負。

　なるほど、スイカ割りってプログラミングに似てるところがあるよね！

　せっかくプログラミングの本を読んでみたんだから、マス目を用意して、その上でスイカ割りをしてみよう。砂浜でなくても、やる方法はあるよ。

　校庭や近所の空き地の地面に、棒でマス目を書いてもいいね。

　体育館や多目的室、集会場などでやるのもいいね。先生や親からビニールテープを借りて、マス目の線を床に貼るといいかもしれない。もちろん遊び終わったら、床のテープは忘れずにはがしておくこと！

　スイカを割るのはちょっと大げさかな。そんなときは、大きなボールや自転車のヘルメットを代わりにしてもいいね。棒でたたく代わりに、ゴールに焼きイモを置いて、焼きイモ捕獲ゲームにしても面白いかもしれない。

　さぁ目隠しをして、いちばん端のマス目に入ろう。周りの仲間は、「右向けー、右！」「左向けー、左！」「前に一歩進め！」「マス目からはみ出してる！半歩下がって！」と、うまくゴールまで誘導してみよう。

④ 自由に動かそう

再びこの本のマス目に戻ってみよう。

今度は**6×6マスの自由なマス目**の登場だ。「前に1マス進む」カードに加えて、「左に回す」「右に回す」カードを手にいれた今、**どんな向きにでも自由に進める**ようになったからね。

おっと、このマス目には、ところどころに友達がいるよ。そう、今回のミッションは、**友達全員を迎えに行ってからゴールに着く**というもの。友達のいるマス目を通ったら、その友達を迎えに行けたことにしよう。

マス目のたどり方は人それぞれ。**みんなの好きな行き方で構わない**。とにかく**友達全員の上を通ってゴールに到達すれば成功**だよ。

今までの3種類のカードを組み合わせて、どんな行き方ができるかな？ やってみよう。

スタート「S」のところに、ロボットに見立てたお気に入りのものを置こう。**最初の向きはどっちでも構わない**。もちろん左向きでも下向きでもいいよ。その代わり、最初の命令カードが「前に1マス進む」だったら、すぐにマス目をはみだしてしまうよね？ 向きを変えてあげなきゃ。

さぁ、**自由な進み方で全ての友達のところを通ってゴール「G」を目指そう**。

> **友達を迎えに行こう！**

16

命令カードで作ったプログラムは少し長くなってしまうけど、落ち着いて順番に動かしていこう。友達のいるマス目に、おもちゃの宝石やおはじきなんかを置いてゲットしていく、なんてルールにするのも楽しいね。"スーパーカー消しゴム"なんかも楽しそう――あっ、みんなは知らないかな？（大人に聞いてみよう）

さて、うまく進めたかな？

そうしたら、並べた命令カード（プログラム）はそのままにして、次のページへ進もう。

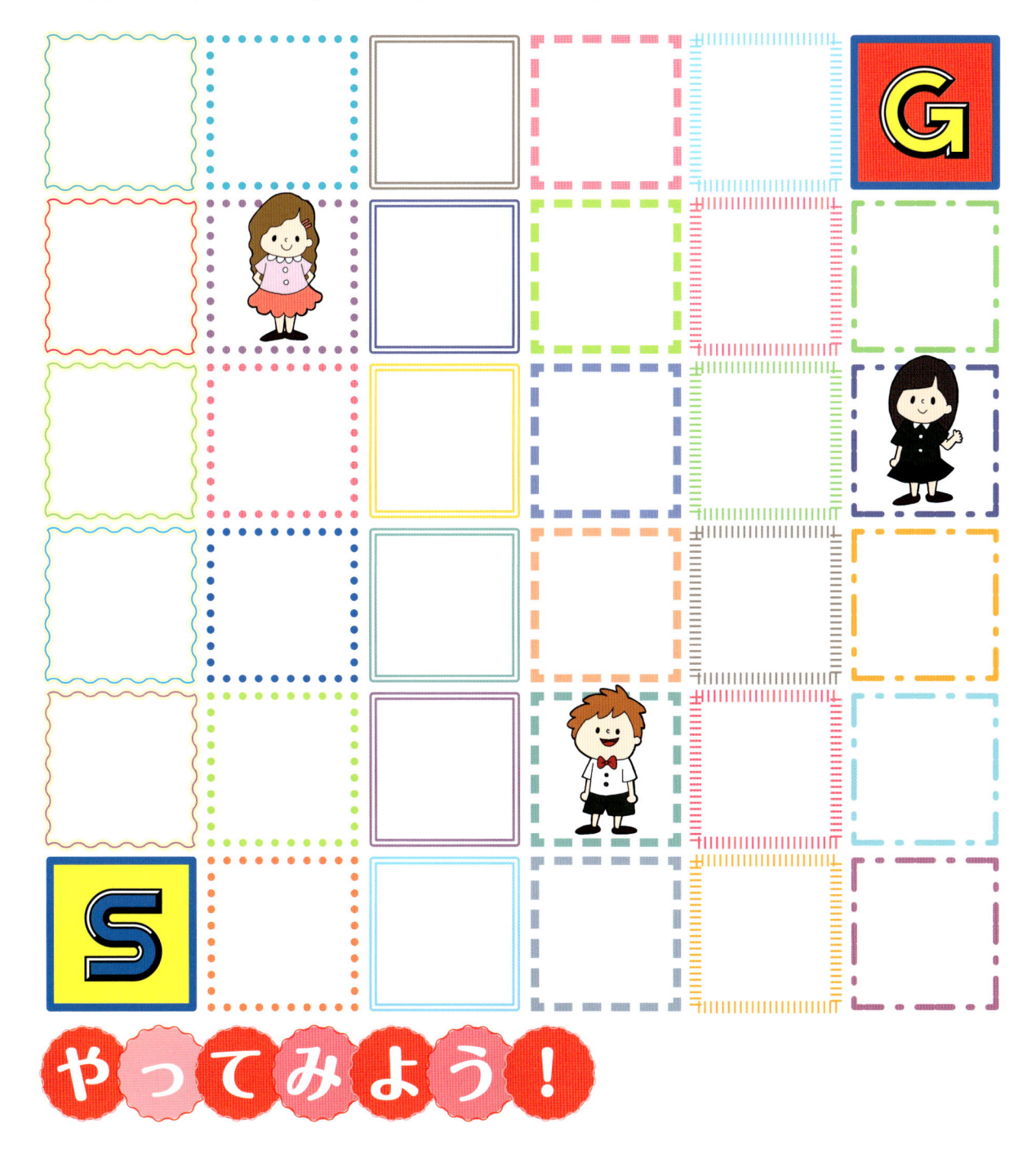

さて、どんなプログラムになったかな？ **答えはひとつではない**からね。

ロボットは最初、上を向いていることにするよ。例えば、下のような感じ。

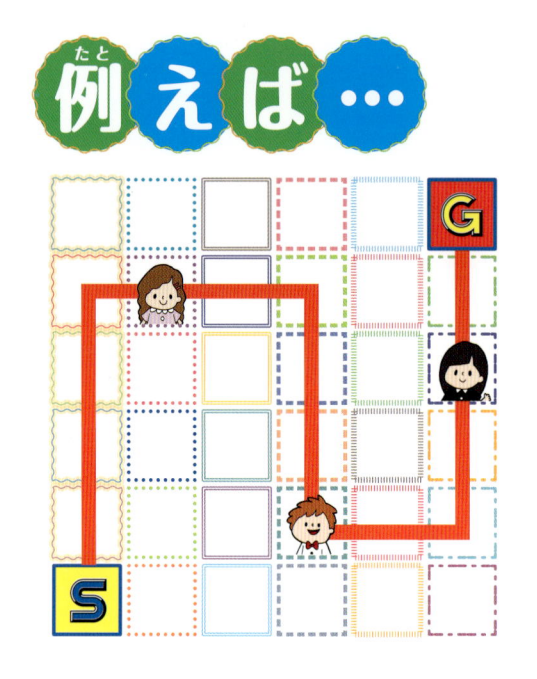

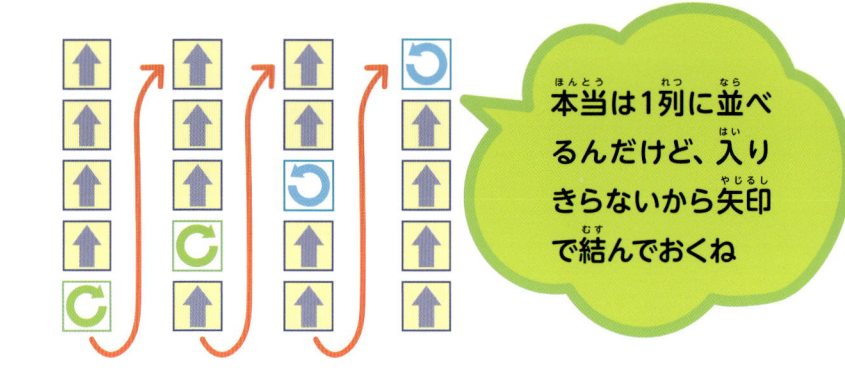

本当は1列に並べるんだけど、入りきらないから矢印で結んでおくね

それにしても、長いプログラムだね。20枚も命令カードが必要だ。命令カードを並べる場所の確保が大変！

今度は別の道を通ってみよう。

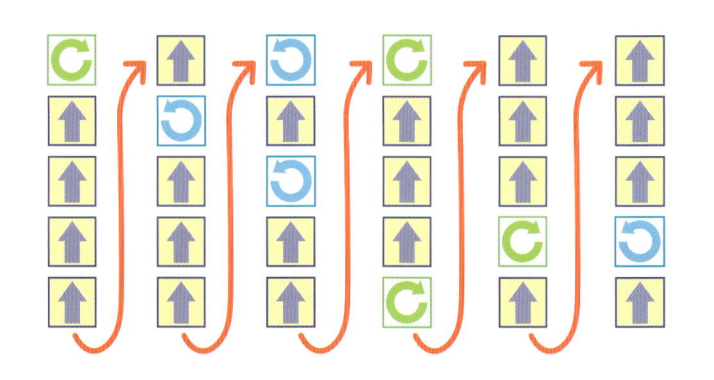

うわー、**もっと長くなってしまった。**
30枚も命令カードを使っているよ。これは長い！

しかし不思議だと思わない？ スタートの位置も、ゴールの位置も、まったく一緒。途中で迎える友達の数も同じ。それなのに、ロボットを動かす命令の長さは、こんなに違ってしまった。**なぜだろう？**

プログラムの何が違ったんだろう？ どうして長さが違ってしまうんだろう？ 前のページで、みんなが作ったプログラムの長さはどうだったかな？ みんなで考えてみよう。

きっとどこかに"違い"があるはず。

今度は、通るマス目を自由に決めてやってみよう。おもちゃやおはじきなんかを宝物に見立てていくつかマス目に置き、さっきと同じように命令カードでプログラムを作ってみよう。うまく動く**プログラムができたら、その枚数をメモ**してね。

　次に、通るマス目はそのままにして、違う進み方でもう1回別のプログラムを作ろう。さぁ、命令カードの枚数はどうなったかな？

　プログラムの長さは一緒かもしれないし、違うかもしれない。「宝物を全部取ってゴール」する**目的を達成しているから、どちらも正解**。**長いプログラム、短いプログラム。みんなは、どちらの方が好きかな？** どちらの方が"良い"と思ったかな？

⑤ 繰り返しってすごい！

頭で考えると当たり前の動きなのに、いざ命令カードを1枚ずつ並べてみるとたくさんのカードが必要で、とても長くなってしまうよね。

だけど、大丈夫。**コンピューターは「繰り返し」が得意**なんだ。

音楽の授業で楽譜を使うよね。「反復記号」って、もう知ってるかな？

> 「反復記号」は、‖: と :‖ の間をもう1回繰り返してから次に進むってことだよ

「反復記号」を使うことで、同じメロディーの繰り返しを省略して書くことができるんだよね。

なんだか、音楽の楽譜もプログラムのように思えないかな？ そう、**楽譜も演奏するためのプログラム**ってことなんだよ。

同じことを繰り返す、そんな特別な命令があれば、もっと短く、分かりやすくプログラムを書くことができるかもね。

例えば、こんな迷路を進むロボットだとどうだろう？ まずは今までやってきたように命令カードを並べてみてね。

スタートの位置では、ロボットが右を向いているとしよう。

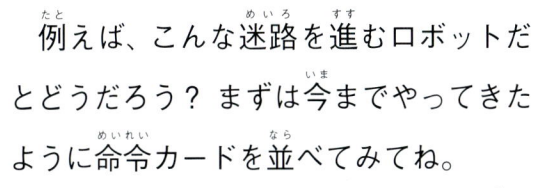

言われた通りに動くコンピューター

ゲーム機でキャラクターを動かしたり、ラジコンカーを操縦したりしたことはあるかな？ でも、こういった「操縦」と「プログラム」とはちょっと違うんだ。

「プログラム」っていうのは、コンピューターやロボットにどう動いて欲しいのか、"あらかじめ"命令を書いておいたもの。そこが「操縦」とは違うところ。

プログラムをうまく作っておけば、コンピューターはその通りに動いてくれる。まるで、ロボットが自分で考えながら動いているように見えるんだ。

でもプログラムのどこかが間違っていたら、その間違った通りに動いてしまう。「そのくらい自分で考えて、ちょっとは気の利いたように動いてよ！」という気持ちになるかもしれないけど、コンピューターは何も考えずに人間が命令した通りに動くだけ。

人間は責任重大だね。ロボットの運命を握ってるんだから。

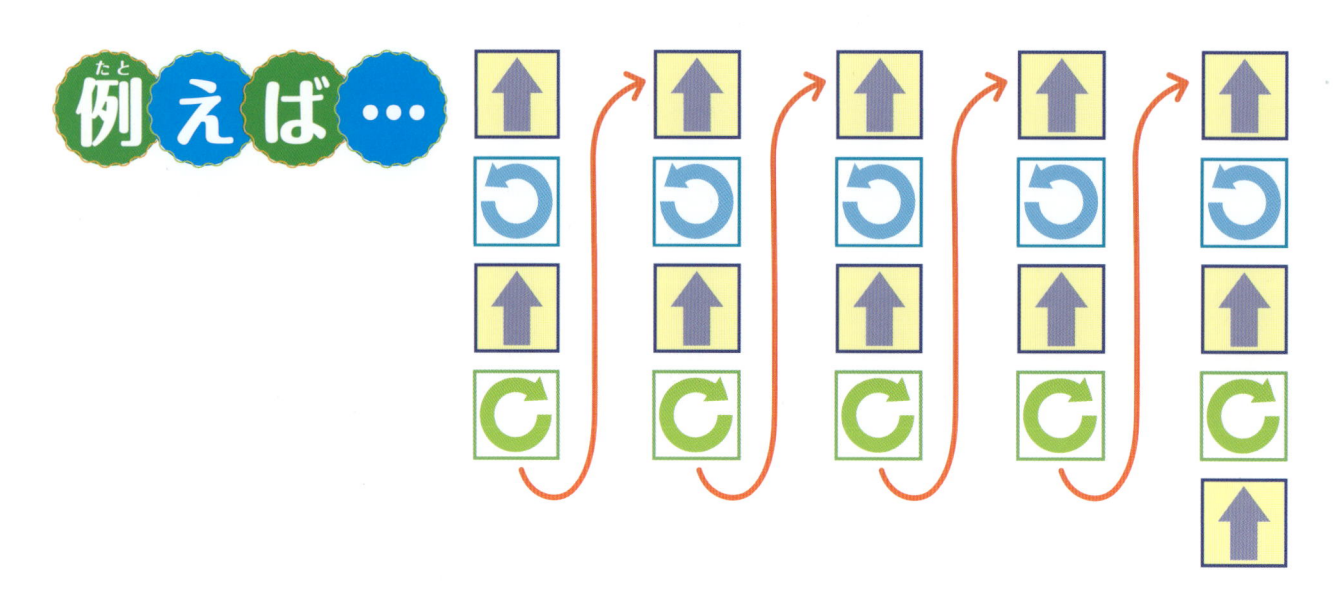

今まで通り命令カードを並べていくと、やっぱり長くなってしまうよね。

だけど、迷路と命令をよく見てみよう。何か**同じことを何度も繰り返している**ような気がするよね。

「前へ1マス進む」「左に回す」「前へ1マス進む」「右に回す」

この4つの命令を、何度も繰り返しているってことに気づいたかな？

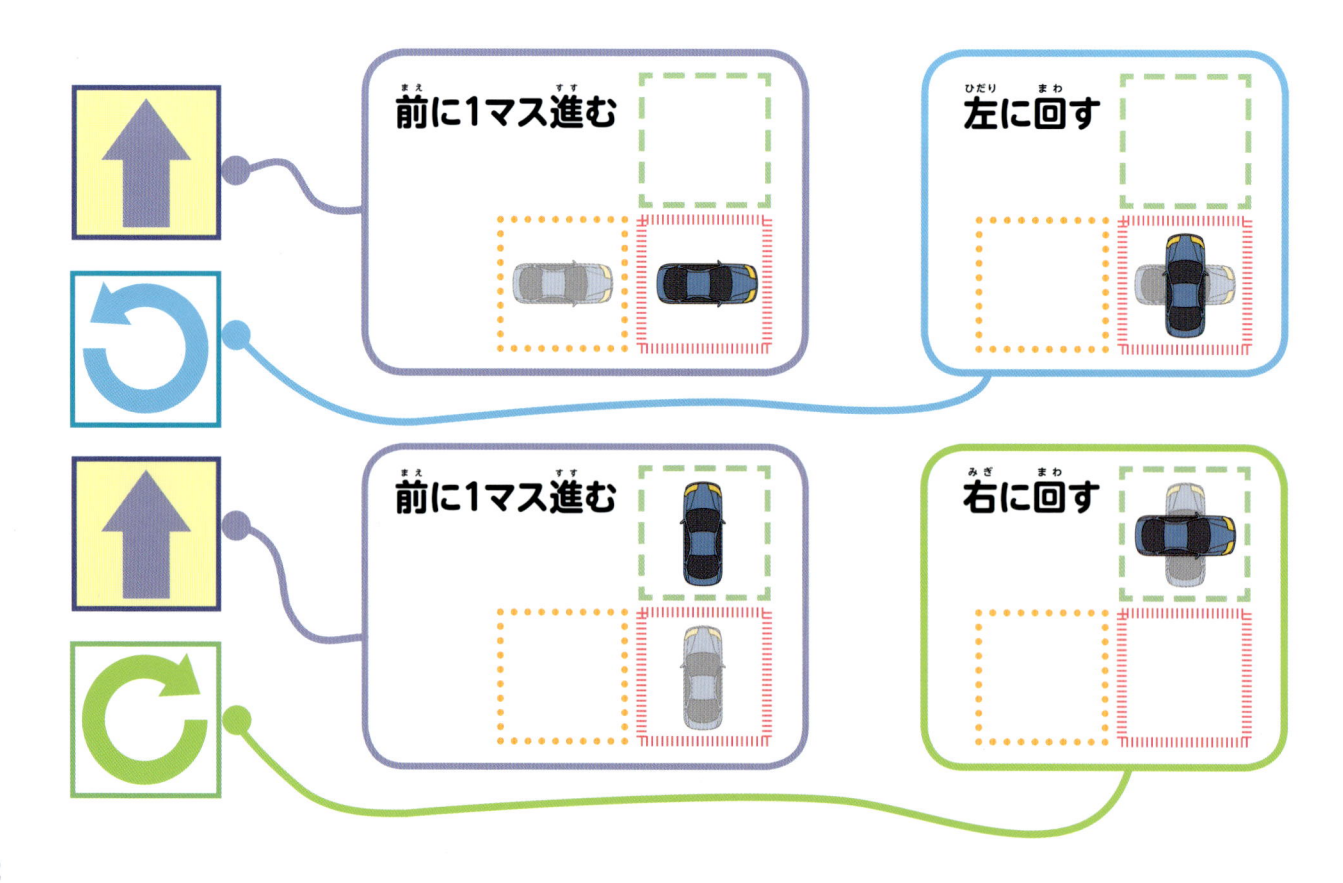

「繰り返し」命令カードを使って長いプログラムを分かりやすく直してみよう。

「繰り返す」カードの右部分に数字の書いてある「回数」カードを重ねて、「繰り返し終了」カードを組み合わせると、**はさまれた部分を数字のぶんだけ繰り返す**って意味になるんだ。これで**とても短く、分かりやすく書く**ことができるね。

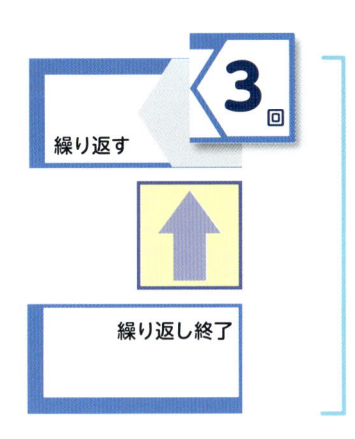

「繰り返す」と「繰り返し終了」の間を、「回数」のぶんだけ繰り返すんだ

この場合は、「前に1マス進む」を3回繰り返すっていう意味になるよ！

例えば…

「繰り返し」命令カードを使うと、21枚も使っていた命令カードがたったの7枚で済んだよ。あ、「繰り返す」カードと「回数」カードを別々に数えると8枚かな。

今、何回目の繰り返しをやっているか分からなくならないように、「回数」カードの横に何か目印を置いてもいいね。小さな紙切れを置いて「正」の字を書いていく、なんて方法もいいかもしれないよ。

⑥ 「繰り返し」を繰り返そう

新しく手に入れた**「繰り返し」命令カード**を使って、プログラムをどんどん短くしていこう。

このまっすぐな迷路はどうなる？

やってみよう！

さすがにこれは簡単だったね。右のように並べたかな？

繰り返しを使うと**"何マス前に進む"**のかが、命令カードのプログラムをぱっと見ただけで分かりやすくなったよね。コンピューターにとっては、どちらも"順番にこなすために並んでいる命令"だけど、人間にとってはこの違いは大きいはず。

プログラムを作るのは、われわれ人間。その**人間が、プログラムを読み間違えたり、作り間違えたりしないように、分かりやすくする**。繰り返しには、そんな役目もあるんだ。

例えば…

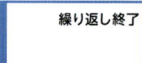

さぁ、どんどんチャレンジしていこう。次のページの迷路は繰り返しを使ってどんなプログラムになるかな？

そうそう、**繰り返しの中で繰り返しをやってもいい**んだ。「3マス前に進む」という繰り返しを、4回繰り返す、っていう感じでね。その場合は、12マス前に進むことになるね。

やってみよう！

繰り返しの中で繰り返しを使ってみよう！
⬆️を4回繰り返して🔄を実行、それを3回繰り返せばいいね

例えば…

繰り返しのまとまりごとに、少しずらして並べると見やすいよ

| 繰り返す | 3回 |
| 繰り返す | 4回 |

もちろん、**ゴールにたどり着けば全て正解**。答えはここにあげたもの、ひとつだけじゃない。だけど、うまく繰り返しを組み立てることができれば、**複雑な動きもシンプルに書ける**って分かったかな？

今度は下の迷路をよく観察して、考えて、繰り返しのパターンを探してみよう。友達や先生、家族と一緒に考えて、出来上がったお互いのプログラムを比べてみようね。

やってみよう！

集大成の迷路に挑戦だ

さぁ、この本でやってきたことの集大成として、この迷路にチャレンジしてみよう。

9×5のマス目の中に友達の家があるね。この迷路では**郵便屋さんロボットが**「**S**」**からスタートして、全員の家に手紙を届けるよ**。家の上を通ったら手紙を届けたことにしよう。全ての家をうまく回っていくプログラムを作るんだ。今回はゴールがないので、**どこで終わっても大丈夫**。

解き方はみんなの自由だ。どんな進み方にしてみよう？ どんなプログラムにしよう？ 知恵を絞っていろいろ試してみよう。答えは何十通りもあるはずだからね。

16〜19ページで友達を迎えに行ったようにいろんな進み方を試して、その中で**通るマス目の数がいちばん少ないプログラム**を考えてみるのもいいね。ちなみに、そういうのを「**最短経路**」っていうんだ。

繰り返しをうまく使って、**プログラムを短く、分かりやすく**してもいいね。最短経路より命令カードが多くなっても、**プログラムがすっきり読みやすくなるのは素敵**なことだよ。

やってみよう！

繰り返しを使うにしてもいろんな進み方があるはず。工夫次第で、何を繰り返すのか、どういう道筋を通ってみるのか、いくつもあるんだ。**ぜひ2つ以上のプログラムを作ってみよう。**

中には3通りも4通りも、プログラムを思いついた人がいるかもしれないね。そうしたら、必ずそれぞれの**プログラムを並べてよく見比べてみよう**。どんな違いがあるかな？ 似たところはどこかないかな？

さぁ、みんなでやってみよう！

コンピューターとプログラム

そろばんはもう
習ったかな？

■ コンピューターは「計算機」

コンピューター。英語で書くと「computer」、これは「計算する機械」っていう意味。みんなが知っているそろばんだって、立派な計算機なんだよ。

昔は計算尺っていう定規のような計算機もよく使われていたけど、みんなはちょっと知らないかな。これを使うと高校なんかで習う難しい計算もできるんだ。

実はコンピューターがなかった時代にも、コンピューターっていう言葉はあったんだよ。それは、物理や数学の難しい計算をする人達のこと。つまり昔は「計算する人」のことでもあったんだね。

■ コンピューターの歴史はまだまだ浅い

今でいうコンピューターは、プログラム（あらかじめ作っておいた命令の並び）に従って自動で動いてくれるものだね。少し前まで日本語では「電子計算機」とも呼ばれていたんだ。

プログラムで動く世界初のコンピューターは、1941年にドイツのツーゼという人が作った「Z3」というもの。重さは1000キログラムもあったんだって！そして今のスマホが1秒間でできる計算が、7000日くらいかかっちゃう……。それくらい遅かったんだ！

たった70年ちょっとで、コンピューターがものすごく速く動くようになって、身の回りがコンピューターだらけの生活なんて信じられないね。

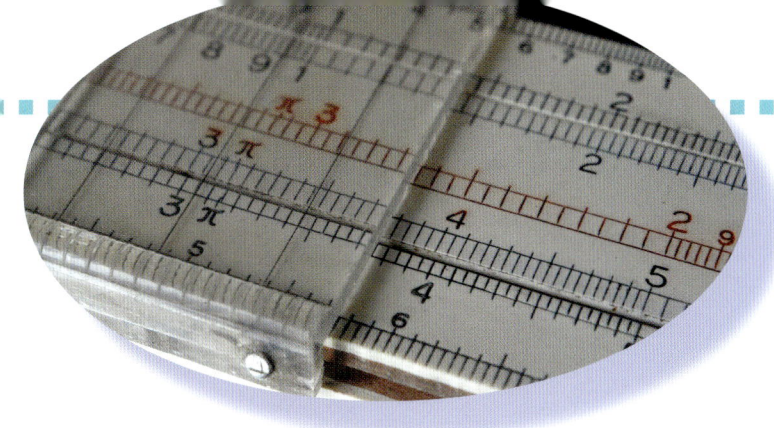

計算尺はパーツを
スライドさせて使うんだよ

昔は全部、人が計算
していたんだね

■ プログラムは簡単な命令の組み合わせ

　この本では、ロボットに見立てたものを少ない種類の命令カードで動かしてみたけど、とてもたくさんの命令カードを使ったよね。プログラムを作る人間は大変だ。

　だけど、本物のコンピューターは文句も言わず、疲れたりもせず、そんなプログラムを順番に目にも止まらない速さで実行する。簡単な足し算だったら、1秒間に10億回とか、それくらいできてしまうんだ！

■ 繰り返しでプログラムを簡潔に

　コンピューターは「繰り返し」も得意なんだ。言われたことを、何度だって繰り返し実行してくれる。

　プログラムを作る人間にとってもいいことがあるね。「どこがまとまりか」「同じような命令をまとめられないか」って、しっかり整理すると、プログラムが簡潔で読みやすくなるからね。

　コンピューターを生み出したのも、プログラムを作るのも、人間。やっぱりすごいね！

初めてのコンピューターは
とっても大きいんだね

写真／Venusianer (CC) BY-SA

何でもプログラムにしてみよう

　自分がロボットになった気分で、自分をプログラムしてみよう。

　学校から帰って家の玄関に入ったら、まず何をするだろう？ 靴を脱いで机のある部屋まで移動して、ランドセルをかけたり、机の上に置いたりするよね。

　もし、これをプログラムとして考えたらどうなるだろう？ 例えばこんな命令を用意したらいいかもね。他にもなにか必要な命令はあるかな？

- 靴を脱ぐ
- 左を向く／右を向く
- 前に○メートル進む／1／2／3……
- 階段を上がる
- ドアを開ける
- ランドセルを置く

「前に○メートル進む」の代わりに、「右足を○センチ出す」「左足を○センチ出す」の繰り返しにしてもプログラムはちゃんと動くはずだよ。

　玄関から机までは、どんな道のりをたどっているかな？ そして、その距離はどのくらいあるだろう？ メジャースケール（巻尺）を借りてそれぞれの距離を測ってみよう。そして、ランドセルを置くまでをプログラムで書いてみよう！

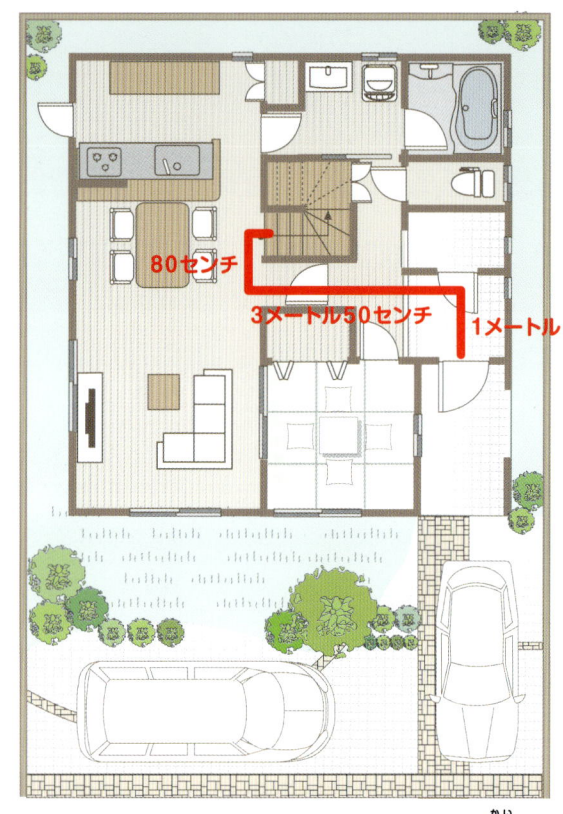

1階

2階

索引

■ 監修

東京大学大学院情報学環教授・工学博士

坂村 健（さかむら けん）

1951年生まれ。1984年にTRONプロジェクトのリーダー。現在TRONは携帯電話をはじめとしてデジタルカメラ、FAX、車のエンジン制御と、世界でもっとも使われる組込OSとなっている。2015年ITU（国際電気通信連合）設立150周年を記念したITU150アワード受賞。2017年東洋大学情報連携学部長就任予定。

■ 著

エンジニア、技術コンサルタント、翻訳・執筆

松林弘治（まつばやしこうじ）

1970年生まれ。Vine Linuxの開発団体Project Vine副代表。ボランティアで写真アプリ「インスタグラム」の日本語化に貢献。著書に「子どもを億万長者にしたければプログラミングの基礎を教えなさい」（KADOKAWA刊）など。

■ イラスト

よしのゆかこ
http://yukakoyoshino.com/

■ デザイン・DTP

前川敦子

■ 編集

遠藤 諭・中西祥智
（株式会社角川アスキー総合研究所）

■ 担当編集

雨宮 徹

パ ソ コ ン が な く て も わ か る
はじめてのプログラミング
① プログラミングって何だろう？

2017年2月28日　初版第1刷発行

発行人　福田 正

発　行　株式会社角川アスキー総合研究所
　　　　〒113-0024
　　　　東京都文京区西片1-17-8　KSビル2F
　　　　電話：03-5216-8125（編集）

発　売　株式会社汐文社
　　　　〒102-0071
　　　　千代田区富士見1-6-1 富士見ビル1F
　　　　電話：03-6862-5200（営業）

印　刷　シナノ印刷株式会社

製　本　加藤製本株式会社

乱丁・落丁本はお取り替えいたします。
ご意見・ご感想はread@choubunsha.comまでお送りください。

NDC007
ISBN978-4-8113-2374-9　C8355